小小牛顿 科学启蒙 —大百科—

台风来了

牛顿出版股份有限公司 / 编著

宝贵的
地球家园

外语教学与研究出版社
北京

给父母的悄悄话：

　　台风是破坏力极强的自然灾害，常发生在夏、秋两季。台风常伴随着狂风、暴雨和风暴潮，会给所经过的地区带来严重的经济损失，甚至危及人们的生命安全。但如果事先防范得当，损失就能减轻。

　　这个故事针对台风的前兆、形成原因及应对措施做了简单介绍，旨在让孩子初步了解台风，并掌握台风来临时应当注意的安全事项。

台风来了

　　台风就要来了，老师让小朋友们都早一点回家。

今天的天空看起来和平时不太一样，云细细白白的，就像散落在空中的羽毛。

4

　　傍晚，天空变得红彤彤的，就像是着了火一样。天气也变得很奇怪，刚刚还是大晴天，一会儿却下起雨来。

雨越下越大，大人们说，台风要来了！大家都很忙碌。

有人忙着加固挂在高处的灯箱，有人忙着收起晾晒的衣物，爸爸忙着把阳台上的盆栽搬回屋子里，而小威忙着安抚惊慌失措的小狗。

大新百货

妈妈储备了很多食物和饮用水，还有手电筒和电池。如果停电了，就得利用手电筒照明。

台风要来了，生活变得
和平常不一样了。

9

台风马上就要登陆了，你知道台风到底是什么样子吗？

请阿宝哥带我们一起去认识一下台风吧！

小威，快来看台风登陆预警！

快看，海面上像旋涡一样的白色圈圈，就是台风。台风会不停地旋转，白色的圈圈就会慢慢变大。

阿宝哥施展魔法，让我们看到了台风的中心——台风眼。台风眼里面既不刮风也不下雨，但是它旁边的"眼墙"却风雨大作。

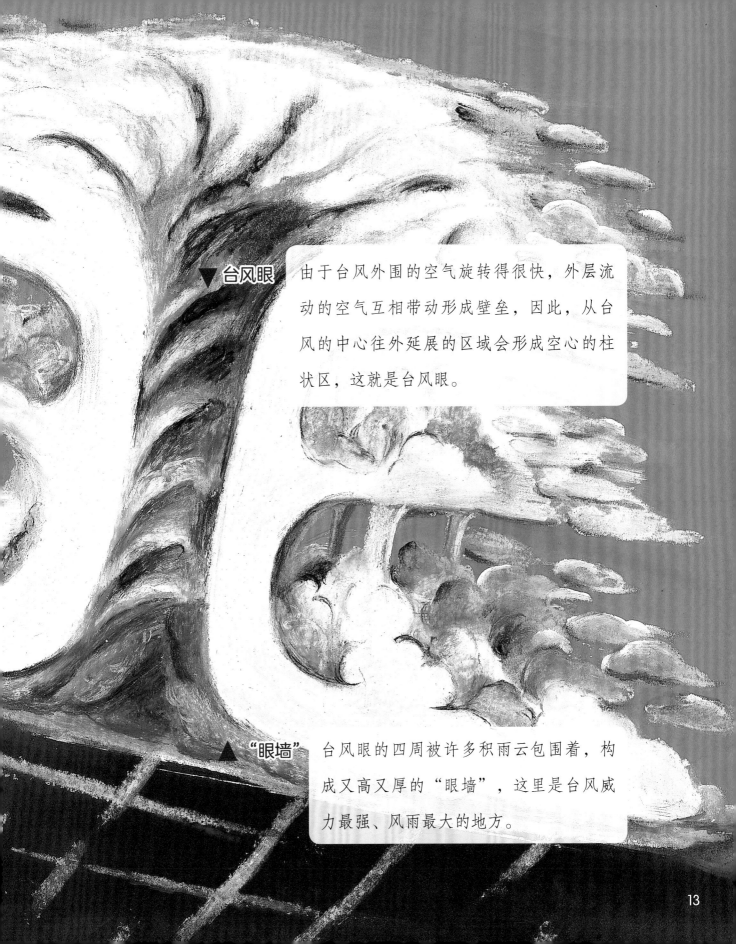

▼台风眼 由于台风外围的空气旋转得很快，外层流动的空气互相带动形成壁垒，因此，从台风的中心往外延展的区域会形成空心的柱状区，这就是台风眼。

▲"眼墙" 台风眼的四周被许多积雨云包围着，构成又高又厚的"眼墙"，这里是台风威力最强、风雨最大的地方。

水蒸气

台风威力很大，
为什么会有台风呢？

台风形成的原因

1 夏季气温很高，太阳把海水晒得发烫，大量的海水会受热蒸发，变成水蒸气，升到空中。

2 高空中温度低，水蒸气升到高空中，会凝结成小水滴，小水滴再聚集成云。

14

形成中的台风

③ 受地球自转的影响，这些云会不停旋转，把更多的云吸进来，渐渐地就会形成台风。

外面一直在下雨，风也很大，小威感到很害怕。爸爸说，他小时候也遇到过台风，而且台风带来了暴雨，造成大水灾，整个村庄都被淹了。

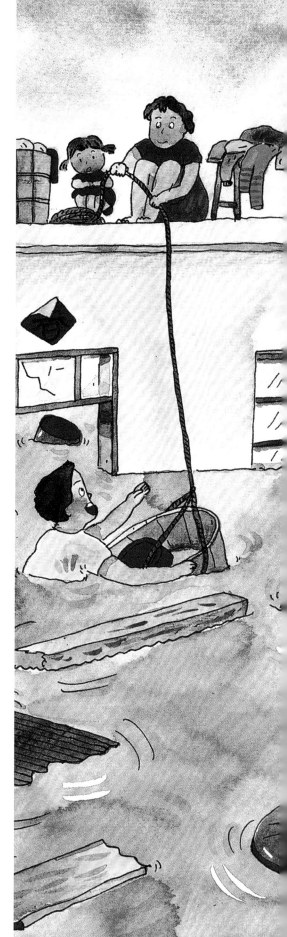

台风终于过去，它给人们的生活带来了很多麻烦。街上的树被吹倒，红绿灯也被暴风雨弄坏了，而且路上到处都是水，大家出门的时候，走路都要格外小心。

台风过后，学校恢复了教学。同学们一见面，都议论起台风。台风虽然可怕，但只要人们提前做好防御措施，就能把它的危害降到最低。

牛顿幼儿园

弄坏别人的玩具

玩过家家时，小伦不小心把心怡的玩具弄坏了。除了道歉，他还应该做些什么呢？

请父母帮忙赔心怡一个新的玩具。

赶快想办法把玩具修好。

把自己心爱的玩具送给心怡作为补偿。

给父母的悄悄话：

　　孩子弄坏自己或别人的玩具，有时是无心的，有时却是故意的。无论动机为何，父母除了及时和孩子沟通，引导孩子体会被弄坏玩具的小朋友的感受，培养孩子负责任的态度，还需让孩子学会承担后果。如果损坏了别人的东西，就要想办法进行补偿。

　　另外，父母也可以换个角度让孩子想想，如果是别人弄坏自己的玩具，孩子的心情如何？会原谅弄坏玩具的人吗？借着这些讨论，父母可以教导孩子积极、理性地处理遇到的问题，学习待人处事的方法。

谁最聪明

猫头鹰村每年都要选出最聪明的小猫头鹰，今年的评选又要开始了。考官博士出的题目是什么呢？你能想出答案吗？

24

1号猫头鹰

很简单，按照形状来分，它们可以分成圆形、正方形、长方形。

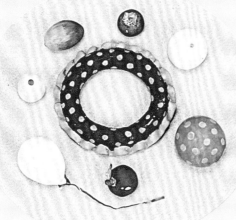

圆形

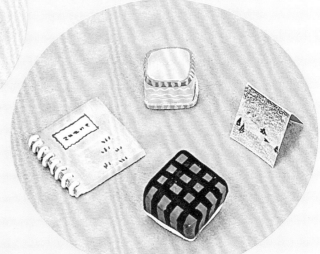

正方形

长方形

哎呀，这些东西没办法按形状分类，怎么办呢？

我知道了，按照颜色来分，它们可以分成黄色、红色和蓝色。

2号猫头鹰

可是巧克力没办法按这种方法归类啊！

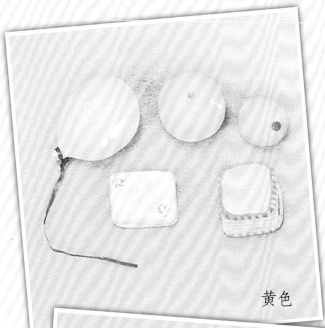

黄色

红色

蓝色

26

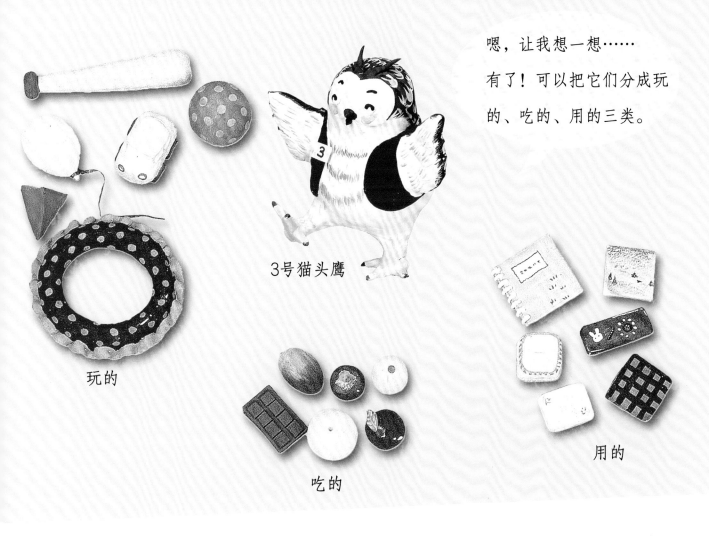

嗯，让我想一想……
有了！可以把它们分成玩的、吃的、用的三类。

3号猫头鹰

玩的

吃的

用的

比赛结束了，博士宣布3号猫头鹰是今年最聪明的猫头鹰。

给父母的悄悄话：

分类是一种逻辑概念。分类的依据有很多，读完这个故事后，希望孩子知道不仅可以根据物品的外部特征（如形状、颜色、大小），而且可以根据物品的用途等进行分类。

空心菜

这是空心菜的种子，我们把它们种到土里观察一下吧！

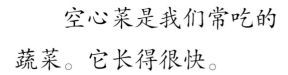

空心菜是我们常吃的蔬菜。它长得很快。

6天后

17天后

空心菜又称"蕹（wèng）菜"
或"通菜"，因为它的茎是空
心的，像吸管一样，所以才有
这个名字。

24天后

将空心菜的茎和叶切成小段，放入锅里炒一炒，加少许调味料，就是一盘好吃的炒空心菜了。

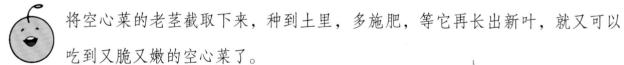

将空心菜的老茎截取下来，种到土里，多施肥，等它再长出新叶，就又可以吃到又脆又嫩的空心菜了。

看，空心菜的花是不是和牵牛花很像？

空心菜的花

牵牛花

空心菜和牵牛花都是旋花科植物，所以它们开的花很像。

给父母的悄悄话：

空心菜的茎吃起来脆脆的，叶子纤维少，容易吞咽，是孩子们普遍比较喜爱的绿色蔬菜之一。它含有丰富的维生素C、胡萝卜素及钙、磷等营养物质，父母应多鼓励孩子食用。

惯性游戏

把硬币放在杯口的纸片上，用手快速弹开纸片，硬币会跟着纸片飞出去，还是会掉进杯子里呢？

快跑！

我们用力弹的
是纸片，所以纸片
会飞出去。

原来如此！

硬币因为惯性会停在原处不动，又因为少了纸片的支撑，所以就掉进杯子里了。

给父母的悄悄话：

静止或运动中的物体，有保持静止或运动状态的性质，这被称为"惯性"。例如，行驶中的公交车突然刹车时，车上的人因为惯性作用依然保持向前运动的状态，身体就会往前倾；反之，静止的车辆开始行驶时，人会往后仰。

用尺子敲摆起来
的积木，只有被敲的
那一块会飞出去吗？

啊——

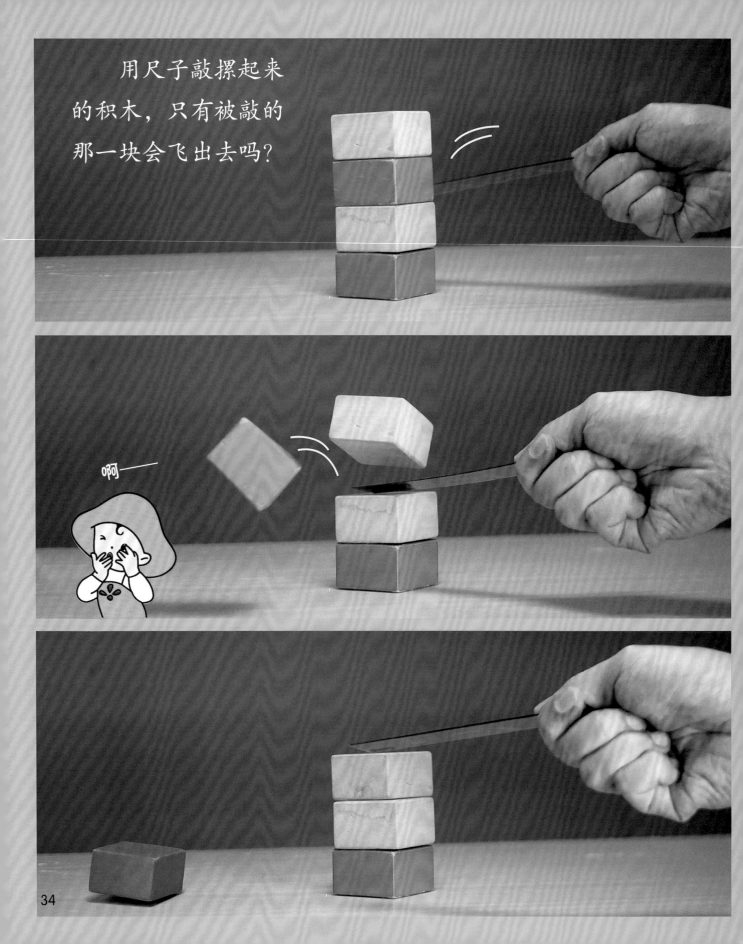

34

我们在积木上放两个彩笔玩偶，想想看，当积木移动的时候，玩偶倒的方向与积木移动的方向相同吗？

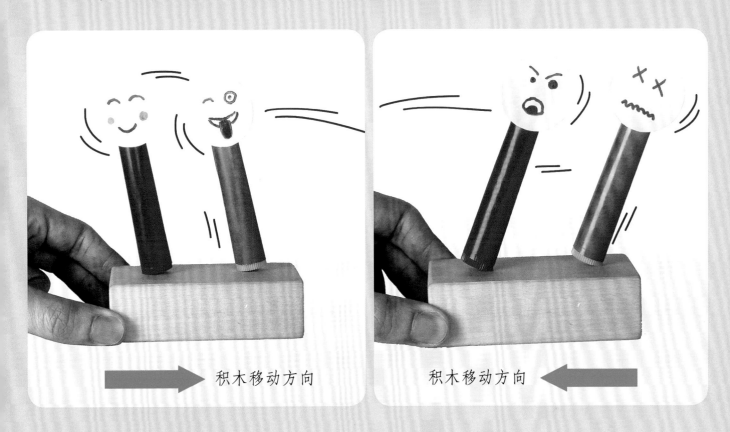

玩偶倒的方向与积木移动的方向正好相反，这和我们坐公交车时，车子开动时人向后倒，刹车时人向前倾的道理是一样的，这些现象都是惯性造成的。

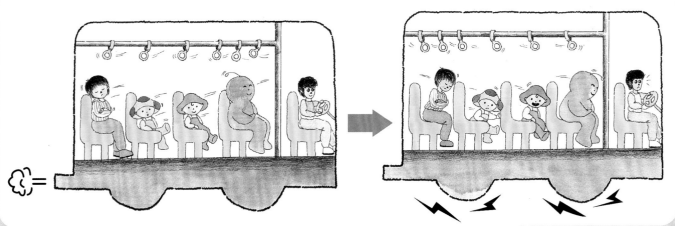

乌龟安安看世界

　　池塘边住着很多小动物，大家常常一起玩。可是，乌龟安安总是和大家玩不到一起。

　　有一天，安安正四脚朝天地躺着。松鼠看到它后很担心，心想：安安四脚朝天躺着，一定是生病了，我得赶快帮它把身体翻过来。

　　松鼠费了好大的力气，才把安安翻过来，没想到安安不但不领情，反而生气地说："我在看天上的云和太阳，你为什么要把我翻过来呀？"

　　松鼠有点难为情地说："太阳有什么好看的！走，我们去找其他小动物玩吧。"

　　松鼠说完，就拉上安安，找大家踢球去了。

　　第二天，猴子看见安安把头伸进池塘里，急得大叫起来："安安快掉进河里了，大家快来救救它！"

　　猴子和松鼠合力把安安拖上岸，没想到安安很不高兴地说："我是乌龟，既可以在地上爬，也可以在水里游。刚才我在欣赏水里的鱼，你们为什么要把我拉上来？"

　　猴子不好意思地说："鱼有什么好看的！走，我们去玩捉迷藏。"

这天，安安趴在高高的大石头上，一动不动地望着远方。松鼠和猴子看见后很担心它，它们都以为安安心情不好。

　　它俩一起喊："安安，你别在石头上发呆，快下来和我们一起玩吧！"

　　这时候，安安慢慢转过头来，高兴地说："你们快上来，从这里看到的世界很不一样呢！"

　　松鼠和猴子也爬到石头上，它们举目四望，都不由自主地发出了一声惊叹："哇！"

41

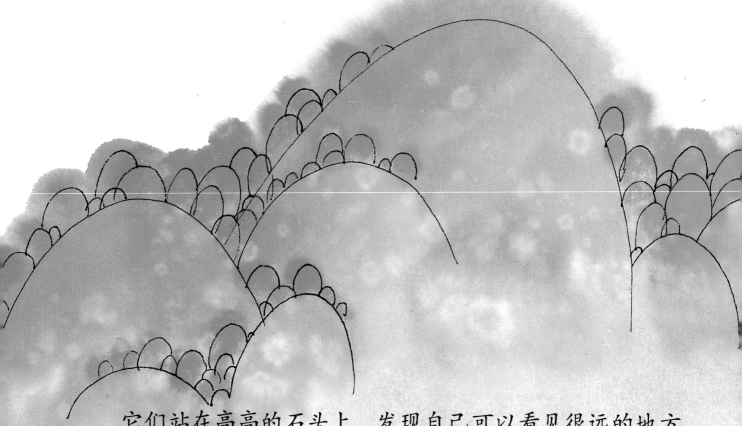

它们站在高高的石头上，发现自己可以看见很远的地方。

松鼠轻轻地赞叹："大山原来这么绿，这么美啊！"

猴子惊讶地说："山下的树，是我每天爬的树吗？从这里看，它们变得小小的，好可爱呀！"

安安点点头说："我们住的地方，从不同的角度看，会变得很不一样！"

猴子和松鼠点点头说："是呀！以后我们要常常陪你一起看风景！"

雷娃娃

雷娃娃，有礼貌。

打雷前，先用闪电照一照，

告诉我，快把耳朵捂捂好。

朱槿

朱槿颜色鲜艳，极具观赏性。许多人会把朱槿种在小花盆、花园里，或是篱笆、墙壁旁。